POPÜLER MATEMATİK

TİMAŞ ÇOCUK

Problemler PROBLEM MİDİR?

Sibel Çelik

Problemler PROBLEM MİDİR?

Yayın Yönetmeni	Savaş Özdemir
Editör	Doğukan İşler
Resimleyen	Mehmet Baltaoğlu
Kapak Tasarım	Erdi Demir

1. Baskı Ekim 2015
Uluslararası Seri No (ISBN) 978-605-08-2106-2

9 786050 821062

TİMAŞ YAYINLARI

Adres	Cağaloğlu, Alemdar Mah. Alayköşkü Cad. No: 5 Fatih/İSTANBUL
Telefon	(0212) 511 24 24
Posta	P.K. 50 Sirkeci/İstanbul
E-posta	timascocuk@timas.com.tr
Web	timascocuk.com

Baskı ve Cilt	Seçil Ofset
Matbaa Sertifika No	12068
Adres	100. Yıl Mah. Matbaacılar Sitesi 4. Cad. No:77 Bağcılar/İstanbul
Tel	(0212) 629 06 15

TİMAŞ YAYINLARI / 3915
POPÜLER MATEMATİK / 2
KÜLTÜR BAKANLIĞI YAYINCILIK SERTİFİKA NO: 12364

iyi ki kitaplarım var...

BU KİTABIN SAHİBİ

İÇİNDEKİLER

Tüm Öğrencilerin Dikkatine!

Duyduğumuza göre bazı öğrenciler için matematik dersindeki "**soru**"lar büyük bir sorun oluşturuyormuş.

Eğer siz de soruların sorun olduğunu düşünüyorsanız, o halde bu kitap tam size göre!

Sorularla Arası İyi Olmayan Öğrencilere Birkaç Öneri:

- Siz siz olun, sorularla inatlaşmayın!
- Çözüm odaklı olun.
- Unutmayın; her soru, mutlaka çözülmek ister.

Şansını Şansa Bırakma

Soruların sorun olduğuna dair yanlış inanışlar, öğrenciler arasında kulaktan kulağa dolaşıyor. Bana sorarsan, sorulara haksızlık yapılıyor. Onlar en azından sana seçme özgürlüğü tanıyor. **A - B - C ve D** şıklarından beğendiğini ya da kendine en yakın hissettiğini seçmen için sana alternatifler sunuyorlar.

Tabii eğer sen sorunun çözümünü şansa bırakmışsan, seçenekler arasından doğru cevaba ulaşma olasılığın azalıyor.

İşte bu kitap, şansını şansa bırakmak istemeyenler içindir. Hepinize bol şans!

Problemler ve Çocuklar

Problemlerin ya da soruların, bizlere bir şeyler öğretmek için görev başında olduklarını hiç düşündün mü?

Şimdi okulda, evde ya da sokakta karşına aniden çıkıveren bir problem düşün. Ama bu öyle bir problem olmalı ki, sadece senin vereceğin kararla çözüme ulaşsın!

Şimdi bir kurt düşün: Bu kurt, sürekli olarak zavallı bir koyunu takip ediyor.

Öyle bir şey düşün ki kurt, koyunun peşini bıraksın! Hadi düşün! Bunu yapabilirsin!

Düşündüğüm Problem:

____

____

____

Ne Farkı Var?

Pekâlâ... Şimdi dilersen, bir önceki sayfada senin ortaya koyduğun problemi ya da zavallı koyunun sorununu düşün.

Sence tüm bunların matematik kitabında karşılaştığın problemlerden ne farkı var?

Sadece senin vereceğin kararla çözülecek olan bu sorun, içinde "matematiksel çözümler" barındırıyor mu?

ÖNEMLİ NOT:

Kitabın bundan sonraki bölümünde doğal sayılarla toplama, çıkarma, çarpma, bölme ve kesirlere ait temel kavramlar arasındaki ilişkileri anlatacağım. Bu sayede sorular artık senin için sorun olmayacak!

Problem Nedir?

Uyku Problemi

Trafik Problemi

Havuz Problemi

Gaz Problemi

Alt ıslatma Problemi

İletişim Problemi

"Problem" sözcüğü üzerinde birlikte biraz kafa yoralım.

Hiç düşündün mü, bir şeyi hangi durumlarda "problem" olarak adlandırıyoruz?

Örneğin senin için problem olan bir durum, her zaman başkaları için de problem midir?

Sence arkadaşlarınla yaşadığın problemlerin, matematik dersindeki problemlerden ne farkı var?

Uzmanlara göre "problem" zihni karıştıran, belirsizleştiren her şey olarak tanımlanıyor.

Buradan yola çıkarak şunu söyleyebiliriz ki, problem bir belirsizlik durumudur.

O halde problem çözmek demek, bu belirsizliklerin ortadan kaldırılması demektir.

Problemleri Anlayalım

Bir problemi çözmek istiyorsan, her şeyden önce onu anlamalısın. Örneğin:

1- Problemde veriler ne?

2- Bilinmeyen ne?

3- Veriler bilinmeyeni bulmak için yeterli mi?

4- Çözüme hangi veriden başlanmalı?

Çözeceğin problemde, "bilinmeyen"e dikkatle bak.
Benzer problemlerden elde ettiğin deneyimleri hatırla...
Unutma! Sen daha önce de pek çok problemin üstesinden geldin.
Tüm bunlardan sonra, çözüm için plan yapma aşamasına geç.

5- Planını uygula.

6- Bulduğun sonucu kontrol et.

Matematiksel Modelleme

Çoğu zaman bir arkadaşımıza yol tarif ederken basit bir kroki çizeriz.

Ya da bir terziye gittiğimizde, diktirmek istediğimiz elbiseyi çizimle anlatır ve tarif ederiz.

Problem çözerken, o problemin resmini çizmek de tıpkı böyle bir şeydir. Bu oldukça kullanışlı bir yöntemdir. Böylece problemi daha iyi anlar ve seni sonuca götürecek tüm aşamaları kolaylıkla görebilirsin.

Bana inanmıyorsan, bir sonraki sayfada yer alan problemi çözmeyi dene! Çok basit bir modelleme kullan. Örneğin, hayvanların resmini çizmekle vakit harcama. Sadece baş harflerini kullan. Problemi dikkatle oku ve çözüm planını uygula.Tereyağından kıl çeker gibi kolayca problemi çözdüğünü göreceksin!

Eyvah!!! Bu Oda Çok Kalabalık!

Bir çiftlikte yaşayan hayvanlar, birlikte tatile gitmeye karar verirler. Otelde tek bir odanın kendileri için yeterli olacağını düşünürler. Ama ne yazık ki oda 8 fare, 8 koyun ve 8 tane de tavuk için oldukça küçük gelmiştir.

Bu durumdan rahatsız olan hayvanlar otel idaresinden yardım isterler. Otel müdürü onlar için toplam 4 yeni oda hazırlatır.

Hayvanlar odalara eşit sayılarda yerleşeceklerdir.

- 1. odaya sadece fareler ve tavuklar yerleşmiştir ve sayıları eşittir.
- 2. odada sadece koyunlar kalmaktadır.
- 3. odaya 2 fare, 2 koyun ve 2 de tavuk yerleşmiştir.

Buna göre 4.odada hangi hayvanlar kalmaktadır?

Basit Bir Çizim Hayat Kurtarır!

Şimdi kolları sıva. Problemdeki verileri kullanarak kendi modelini oluştur ve sonuca ulaş!

Küçük İpuçları:

- Toplam hayvan sayısını bul.
- Otel müdürünün konukları için kaç yeni oda ayırdığını hatırla.
- Hayvanların odalara eşit sayılarda yerleşecekleri detayını sakın göz ardı etme.

Problemin çözümünü **"Sorunsuz Sorular"** kitabının arkasında bulabilirsin.

Çözüm Süreci

Problemi kolayca çözmüş olduğunu düşünüyorum...

Şimdi kafanı kitaptan kaldır ve "çözüm" sözcüğü üzerinde biraz düşün!

Hazır düşünmeye başlamışken, bir de "Çözüm yolu ne demektir?" sorusu üzerinde biraz kafa yor lütfen.

Düşünme sürecini tamamladıktan sonra aşağıdaki sorulara da bir el atarsan sevinirim. Tüm bunları yaptıktan sonra, bir sonraki sayfaya geçebilirsin.

Ortada bir sorun varsa her zaman çözümü de var mıdır?

Her çözüm doğru sonuçlar doğurur mu?

Eğer her çözüm doğru sonuçlar doğursaydı "hata" sözcüğü ne ifade ederdi?

Çözebilirim - Çözebilirsin - Çözebilir

Hazır çözüm yolundan da söz etmişken, birlikte matematik problemleri ve onların çözüm yolları hakkında neler yapabileceğimize bir bakalım.

Bazen problem çözerken hangi işlemi yapacağın konusunda biraz kafan karışıyorsa, muhtemelen işlemlerin anlamları hakkında bazı şeyleri gözden kaçırıyorsun demektir.

O halde hadi gel, işlemler dünyasında kısa bir gezintiye çıkalım...

"Topla"ma!

"Aslan yattığı yerden belli olur." atasözünü duymuş olmalısın. O halde odanın kapısından içeriye bir göz at. Eğer ortalık savaş alanı gibiyse hemen içeri gir ve odanı **topla**.

İşini bitirdiğinde odanda uygun bulduğun bir yere otur ve düşün. Odanı topladıktan sonra odandaki eşyalarda bir artış oldu mu?

Pekâlâ, şimdi de yaptığın bir hata sonrasında annenin ya da babanın veya dedenin... (Neyse, kimin söyleyeceğine sen karar ver.) Sana artık aklını başına toplaman gerektiğini söylediğini düşün.

Aklını başına topladıktan sonra aklında bir artış oldu mu?

Düzenlemek - Bir Araya Getirmek - Eklemek - Biriktirmek

"Toplama" sözcüğünü günlük hayatta, kimi zaman **"düzenlemek"** kimi zaman **"bir araya getirmek"** ya da **"eklemek"** kimi zaman da **"biriktirmek"** anlamında kullanırız.

Örneğin odamızı topladığımızda, aslında ortadaki dağınıklığı toplar ve eşyalarımızı **düzenleriz.**

Kimi zaman beğendiğimiz ya da bize ilginç gelen şeylerden **biriktirir** nadide parçaları **bir araya getirir** ve bir koleksiyon oluştururuz.

Gelelim matematik derslerinde kaşımıza çıkan toplama işlemine...

Toplama İşlemi

Toplama işleminin aritmetikte "+" işaretiyle ifade edildiğini biliyorsun.

Örneğin "12 + 25 = ?" gibi bir işlemle karşılaştığında hiçbir zaman bu sayılarla çarpma ya da bölme veya çıkarma işlemi yapmak aklına gelmez.

Çünkü "+" işareti sana burada hangi işlemi yapman gerektiği konusunda rehberlik eder.

Toplama "artma-çoğalma" anlamı taşır ve toplamadan söz edebilmek için iki ya da daha fazla çokluğun ölçülebilir değerlerinin bir arada ifade edilmesi gerekir.

Bunu şöyle düşün: Cebinde sadece 1 liran varsa, iki de bir çıkarıp "Kaç liram oldu acaba?" diye paranı saymazsın.

El Öpenlerin Çok Olsun

Hadi yine iyisin! Çok yakında bir bayram var.

Bayram sabahının gelip çattığını düşün... Büyük bir sevinçle uyanıyorsun. Cebinde 1 liran veeee...

Gelsin bayram harçlıkları! Annen, baban, deden...

Artık toplama işlemi yapabilirsin:

Cebindeki 1 lira	+	Annenin verdiği bayram harçlığı	+	Babanın verdiği bayram harçlığı	+	Dedenin verdiği bayram harçlığı	=	Cebindeki paranın son durumu :)

Gördüğün gibi toplama işlemi yaparken çoklukları ya da çoklukları ifade eden sayıları bir araya getirir ve toplamı buluruz.

Toplama işleminde sonucu oluşturan sayılardan her birine **"toplanan"** denir. Yani anlayacağın **"toplam"**, toplananlardan oluşan çokluktur.

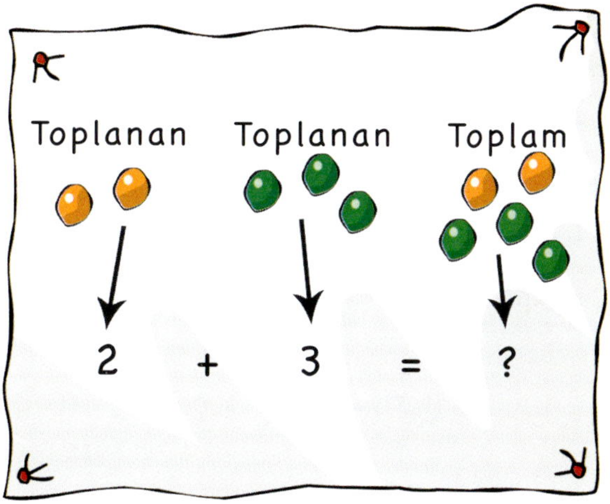

Toplama işleminde toplanan sayıları dilediğin kadar çoğaltabilirsin.

7 + 5 + 3 + 8 + 2 + 1 + 4 = ?

Gelelim toplamanın **"değişme özelliği"**ne
Bu özellik bize, toplanan sayıların sıralamasının önemli olmadığını anlatır
Toplanan sayıların yerlerini değiştirip istediğin gibi yazabilir ve sonucun bundan etkilenmediğini kendi gözlerinle görebilirsin.

Toplananlardan Biri Kayıp!

Bazen bir toplama işleminde şakacı toplananlardan biri saklanır. Böyle bir durumla karşılaştığında sakın panikleme. Sadece "toplam"ın, toplananlardan oluşan çokluk olduğunu hatırlaman yeterli.

$$2 + ? + 4 = 7$$

Şimdi gel bir örnek yapalım: Diyelim ki 6 fare saklambaç oynuyor. Farelerden biri ebe oluyor.

Kısa bir süre sonra ebe, 3 fareyi sobeliyor.

Sence oyunda ebenin yakalaması gereken kaç fare kaldı?

Önce, soruda seni çözüme götürecek olan ipuçlarını bulmalısın.

Eğer Yeterince Dikkatliysen...

Saklambaç oynayan fare sayısının 6 olduğunu, yani "toplanan" sayının, 6 olduğunu biliyorsun.

Ebe + Sobelenen Fareler + Hala Saklanan Fareler = Oyun Oynayan 6 Fare

1 + 3 + ? = 6

4+?=6 fare

Farelerden biri ebe olduğuna göre, saklanan fare sayısı 5'tir. Saklanan farelerden 3'ünü ebenin sobelediğini zaten biliyorsun. O halde hemen matematik cümlemizi yazalım:

Sobelenen Fareler + Yakalanması Gereken Fareler = Saklanan Toplam Fare Sayısı

3 + ? = 5

Toplamın içinden bilinen toplananı, yani 3'ü çıkardığımızda aradığımız toplananı buluruz. Gördüğün gibi ebenin yakalaması gereken 2 fare daha var.

3+?=5

5 - 3 =2

Çıkarma İşlemi

Toplama ve çıkarma işlemleri çok iyi anlaşır. Örneğin ne zaman bir toplanan saklansa, çıkarma işlemi bu kayıp toplananın bulunması için seve seve yardıma koşar!

BİR HATIRLATMA:
Bir önceki sayfada bilinmeyen toplananı bulurken çıkarma işleminden yardım aldığımızı hatırla.

Çıkarma işlemi aritmetikte, "–" işaretiyle ile ifade edilir. Çıkarma, **"azaltmak-ayırmak-eksiltmek"** anlamlarını taşır.

Azaltmak, az denecek miktara indirmek anlamına gelirken; ayırmak, bir bütünden bir parçayı herhangi bir amaçla bir tarafa koymak anlamını taşır. **Eksiltmek** ise, eksik duruma getirmek, sayısını azaltmak demektir.

Matematik derslerinden çıkarma işleminin terimlerini hatırlıyor olmalısın.

Eksilen - Çıkan = Kalan(Fark)

"Eksilen", kendisinden çıkarma yapılan yani eksiltilen sayıdır.

"Çıkan" ise bütünden yani eksilenden ayrılan sayıdır.

"Kalan (fark)" ise işlemin sonucudur.

Toplama ve Çıkarma Kardeşliği

Toplama ve çıkarma işlemleri, birbirinin tersi işlemlerdir. Ama buna rağmen birbirlerine ters düşmezler. Oldukça iyi anlaşırlar.

Diyelim ki bir gün bir çıkarma işlemi yapacaksın. Ama o da ne!!! Bir bakıyorsun ki eksilen sayı kaybolmuş...

Pekâlâ. Bu, çözümü oldukça basit bir durum aslında. Eksilen sayıyı bulmak için hemen toplama işleminden yardım almalısın. Çıkan sayı, yani bütünden ayrılan sayı ile kalan sayıyı topla ve eksilen sayıyı şıp diye bul!

Eksilen - Çıkan = Fark

? - 5 = 10

Eksilen = Çıkan + Fark

Eksilen = 5 + 10 = 15

Sütü Seven Koyun

Şimdi seninle çiftçi Hasan amcanın çiftliğine gidelim.

Söylediklerine kulak verip onun sorununa çözüm bulalım:

Gördüğün gibi ortada büyük bir sorun var!

Sorun Varsa, Çözümü De Vardır!

Sorunu bir an önce çözmek için kolları sıvasak fena olmaz diyorum, ne dersin? Ama önce problem üzerinde biraz kafa yoralım. Bu şirin koyunun günlük toplam verdiği süt miktarı bütünü oluşturuyor. Yani eksilen sayıyı. Biz de bu sayıyı arıyoruz zaten. Koyunun her gün kendi ürettiği sütten içtiği miktar ise çıkan sayı ve çiftçiye kalan 15 litre süt de kalan sayıdır.

O halde vakit kaybetmeden matematik cümlemizi yazalım ve durumu açıklığa kavuşturalım:

Koyunun günlük toplam süt üretimi + Her gün içtiği süt miktarı = Çiftçi Hasan amcaya kalan süt miktarı

Eksilen - Çıkan = Kalan(fark)

? - 8 litre = 15 litre

? - 8 + 15 = 23 litre

Gördüğün gibi sorular hiç de sorun değil :)

Sorun Varsa, Çözümü De Vardır!

Eğer bir çıkarma işleminde aradığın, **"çıkan"** sayı ise bu durumda toplamanın yardımına ihtiyacın yok.

Çünkü çıkarma işlemi bunu tek başına halledebilir.

Böyle bir durumda eksilenden kalanı çıkarırsan, çıkan sayıyı bulursun.

Eksilen - Kalan = Çıkan

Diyelim ki 5 liran var. Bu 5 lira bütünü temsil ediyor, yani "eksilen" sayıyı. Bakkala gittin, sakız ve çikolata aldın. Geriye 2 liran kaldı. Harcadığın para çıkanı, yani bütünden ayrılan sayıyı temsil ediyor. Kalan paran da 2 lira.

5 - ? = 2

5 - 2 = 3TL

Gördüğün gibi tamı tamına 3TL harcamışsın

Günün Sorusu

Kitabın ilk sayfalarında kurtla başı dertte olan koyunu hatırlıyor olmalısın. Bir gün bu şirin koyun ve arkadaşları, başka bir çiftlikte yaşayan arkadaşlarını ziyarete gitmeye karar verirler. Ancak yolda kurtla karşılaşma ihtimalleri olduğu için kafa kafaya verip bir plan yaparlar. Kurdun kendilerini tanımaması için mavi, yeşil ve kırmızı boyalarla tüylerini boyarlar ve yola çıkarlar.

Bizim kurnaz kurt, bir bakar ki karşısında 3 mavi, 6 yeşil ve 2 kırmızı tüylü şirin mi şirin koyun!

Hiç vakit kaybetmeden önce her renk koyundan birer tane yakalar ve onları evine götürür. Koşarak tekrar koyunların yanına gelir.

Bu kez de 3 koyun yakalar, onları da evine götürür.

Ama bunlar arasında hiç yeşil koyun yoktur. Geriye kalan koyunlar ise arkalarına bile bakmadan kurnaz kurttan kaçarlar.

Kurt ise bu durumu ballandıra ballandıra arkadaşlarına anlatır ama söylediklerinin hepsi doğru değildir. Bakalım kurdun verdiği bilgilerden hangisinin yanlış olduğunu bulabilecek misin?

Kurdun verdiği bilgilerden hangisinin yanlış olduğunu bulmak için yine basit bir çizim yapabilirsin.

İnan bana yanlış bilgiyi bu sayede göz açıp kapayana kadar bulacaksın.

Problemin çözümünü **"Sorunsuz Sorular"** kitabının arkasında bulabilirsin.

Çarpma İşlemi

Toplama ve çıkarma işlemlerinin birbirleriyle yardımlaştıklarını sana anlatmıştım. Sıra geldi "çarpma"ya.

Çarpma da tıpkı toplama ve çıkarma gibi temel aritmetik işlemlerden biridir ve "x" işaretiyle ifade edilir.

GÜNÜN SORUSU:

Günlerden bir gün, bir depoda işe başladığını düşün.

Depo sorumlusu yanına geliyor ve sana burada 100 koli çikolata olduğunu, her kolide de 20 paket çikolata bulunduğunu söylüyor. Şimdi kolları sıva ve depoda toplam kaç paket çikolata olduğunu bulmak için en az iki yöntem düşün. Bulduğun bu yöntemlerin hangisinin daha kısa ve kolay olduğunu nedenleriyle açıkla.

Çiçeği burnunda bir çalışan olduğun için sana küçük bir ipucu:
Bu iş için toplama, çıkarma ve çarpma işlemlerinden ikisini kullanarak soruyu yanıtlayabilirsin. Kolay gelsin!

Eşit Sayıda Çokluklar

Çarpma işlemi ile toplama işlemi zaman zaman işbirliği yapar. Ancak bu işbirliğinin gerçekleşebilmesi için çarpmanın olmazsa olmaz bir şartı vardır...

Sence çarpma neden böyle söylüyor olabilir?

Düşüncelerini yaz lütfen:

Çarpmayı Anlamak

Pekâlâ, çarpma işleminin neden böyle söylediğini sana anlatmaya çalışacağım. Toplama işlemi, çarpma işleminin temelidir. Ancaaak, çarpma işlemi eşit sayıdaki çokluklarla ilgilenir ve oldukça eğlencelidir.

Örneğin **"5 + 7"** işleminin sonucuyla **"5 x 7"** işleminin sonucu farklıdır.

5+7

5+5+5+5+5+5+5

5+7 işlemi, bir 5'li ve bir de 7'li iki çokluğun bir araya getirildiğini anlatır. Oysa ki 5x7 işlemi bize ya 5 tane 7'li çokluktan ya da 7 tane 5'li çokluktan söz eder.
Bu son iki işlem, aslında terimleri eşit olan toplama işlemleridir.

Çarpmayı Anlamak

Çarpma, sadece toplama ile iyi geçinmez onun arası ileriye doğru ritmik saymalarla da oldukça iyidir.

Eğer bunun nedenini merak ediyorsan hiç vakit kaybetmeden en yakınındaki sözlüğü aç ve "ritmik" sözcüğünün anlamına bak. Sonra, çarpma işlemindeki eşit sayıdaki çoklukları düşün.

3 x 1 = 3
3 x 2 = 6
3 x 3 = 9
3 x 4 = 12
3 x 5 = 15
3 x 6 = 18
3 x 7 = 21

Bir çarpım tablosuna dikkatle bakarsan eğer ritmik sayma yapmanın bir bakıma çarpım tablosu oluşturmak olduğunu görebilirsin.

Örneğin 3'er ritmik sayarken aslında 3'lerin çarpım tablosunu oluşturursun.

Çarp - Topla - Ritmik Say

Çarpma işleminin de tıpkı toplama işlemi gibi değişme özelliği vardır. Nasıl mı?

Pekâlâ... Yandaki böcekleri incele. Oldukça düzgün sıra olmuşlar. Bir satırda 4, bir sütunda da 3 böcek var. Çarpma işlemini kullanarak böceklerin sayısını iki şekilde bulabilirsin.

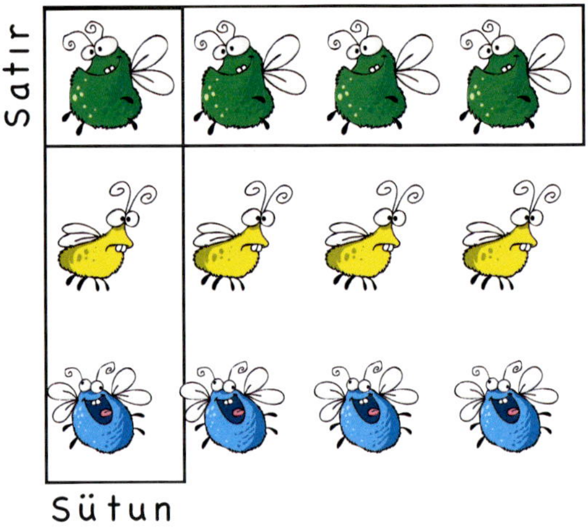

Dilersen,
"**Satır x Sütun**" işlemini yapabilir → 3 x 4 = 12

ya da istersen,
"**Sütun x Satır**" işlemini yaparsın → 4 x 3 = 12

Gördüğün gibi her ikisinde de bulduğun sonuç aynı.

Ama çarpma işlemi yapmadan da burada kaç böcek olduğunu bulabilirsin. Dilersen böcekleri tek tek sayabilirsin.

Ya da sütunlardaki böceklerin sayısını dikkate alıp 3'er ritmik sayabilirsin.

3 6 9 12

4

8

12

Eğer bir satırdaki böcek sayısını dikkate alıp saymak istersen, bu durumda da 4'er ritmik sayma yapmalısın.

CEVAP BEKLEYEN BİR SORU:

Şimdi "3 + 3 + 3 + 3 + 3 = ?" gibi bir işlem düşün. Bu işlemle, "3 - 6 - 9 - 12 - 15" gibi bir ritmik sayma ile "5 x 3" işlemi arasında sence nasıl bir ilişki olduğunu düşün ve yaz.

Kızgın Goril

Afrika'da safari yapan bir grup insan, oldukça kızgın bir gorille karşılaşır.

Goril, ancak ve ancak kendisine yardım ederlerse safariye devam edebileceklerini söyler. İnsanlar için bu oldukça tuhaf bir durumdur; ama yapacak bir şey yoktur. Çaresiz gorili dinlerler. Goril başlar anlatmaya!

"Ben ve arkadaşlarım 3'erli 7 grup oluşturabiliyoruz ve dışarıda hiç goril kalmıyor. Ama amacımız 6'şarlı 4 grup oluşturmak. Bunun için komşu ormandan kaç goril davet etmeliyiz?"

Şimdi bu safari yapan grupta olduğunu düşün ve vakit kaybetmeden gorilin sorununu çöz :)

Problemin çözümünü **"Sorunsuz Sorular"** kitabının arkasında bulabilirsin.

Bölme İşlemi

Çarpma, toplama ve çıkarma gibi **bölme** de temel aritmetik işlemlerden biridir ":" veya "/" işaretleriyle ifade edilir.

Eşit sayıdaki çoklukları ritmik sayarak toplamak yerine, bu uzun işlemi çarpmayı kullanarak bir çırpıda yapabileceğini öğrenmiştin. Bölme işlemine gelince... Bölme, çarpmanın tam tersidir. Bir bütünü eşit sayıda gruplara ayırmak istediğimizde imdadımıza yetişir.

Bölme işleminin geriye doğru ritmik saymalarla arası oldukça iyidir.

Geriye doğru ritmik sayma yapmak bir bütünün içinden eşit sayıda çoklukları sırayla çıkarmak demektir. Aslına bakarsan geriye doğru ritmik saymalar bölme işleminin uzun yoludur.

Geriye doğru ritmik sayma

12 - 3 = 9	1. sayma
9 - 3 = 6	2. sayma
6 - 3 = 3	3. sayma
3 - 3 = 0	4. sayma

Bölme işlemi, geriye doğru ritmik saymanın yaptığı işi daha kestirmeden yapar.

Hamarat Koyun

Şimdi bir koyun düşün.

Bu koyun, kendi ürettiği sütten bir teneke peynir yapıyor.

Bir teneke peynir tam 120 kg geliyor. Bu hamarat koyun ürettiği peyniri 2 kg'lık kaplara koyarak satışa sunmak istiyor.

Koyunun bu kaplardan kaç adet kullanması gerektiğini bulmak için en az iki yöntem bulmanı istiyorum.

Bulduğun bu yöntemlerin hangisinin daha kısa ve kolay olduğunu nedenleriyle açıklarsan çok sevinirim :)

Kafası Karışık Tavuk ve Yumurtaları

12 yumurtayı önce 4 gruba ayırmak istiyorum. Ama her bir grupta kaç yumurta olması gerektiğini bir türlü bulamıyorum. Sonra da yumurtalarımı 6'şarlı gruplamak istiyorum. Bu kez de kaç grup oluşturmam gerektiğini bulamıyorum!

Evet, bu şirin tavuğun sorununu birlikte çözelim.

Ne dersin?

Önce 12 yumurtayı 4 gruba ayıralım. Bunun için istersen geriye doğru ritmik saymalardan yardım alabilirsin.

12 - **4** = 8   1. sayma

8 - **4** = 4   2. sayma

4 - **4** = 0   3. sayma

Ya da bölmeden yardım alıp bu işi kolayca halledebilirsin.

12:4=3

Gördüğün gibi her grupta üçer yumurta var.

Şimdi de tavuğun diğer sorununa gelelim ve yumurtaları 6'şarlı grupladığımızda kaç grup oluşturabileceğimizi bulalım. Bunu bulmak için de 12'yi 6'ya böleriz.

12:6=2 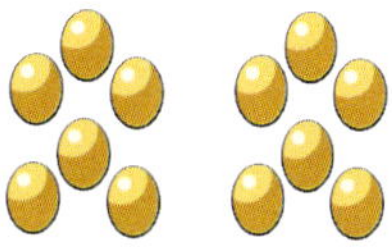

İşte hepsi bu :)

Nereden Çıktı Bu Kesirler?

Eğer sen de "Nereden çıktı bu kesirler?" diyenlerdensen, arkana yaslan ve kesir sayılarına hangi durumlarda ihtiyaç duyduğumuzu düşünmeye başla.

Örneğin, çeyrek ekmek arası köfte ya da bir buçuk porsiyon yemek söylediğinde veya marketten yarım kilo çilek, iki buçuk kilogram elma aldığında aslında kesir sayılarını kullanıyorsun.

Eğer söz konusu olan sayı bir tam sayıdan biraz daha az ya da biraz daha fazlaysa, kesir sayıları ortaya çıkar.

Burada yarım kilo, sıfırdan büyük ama 1'den küçük bir sayıyı ifade ederken, sipariş ettiğin yemek bir porsiyondan biraz fazla ama 2 porsiyondan az bir miktarı ifade eder.

Gördüğün gibi kesirler günlük hayatımızın bir parçası :)

Kaç tane? Ne kadarı?

ÖDÜLLÜ SORU:

Sence yukarıdaki sorulardan hangisinin cevabını kesir sayılarını kullanarak verebiliriz?

Neden?

Kesirler konusunda bilmen gereken önemli bir şey var. O da doğal sayı kavramının saymayla, kesir kavramının da ölçmeyle ilgili olduğu. Yani doğal sayılar "Kaç tane?" sorusunun cevabını verirken kesir sayıları için bölme ve ölçme gereklidir.

"Ne kadarı?" sorusunun yanıtını ancak kesir sayılarını kullanarak verebilirsin.

Önemli not:

Kesir sayıları, sayma sayılarından farklıdır.

Bütünler ve Eş Parçaları

Kesirler konusu bir bütünün eşit sayıda parçalara ayrılması ve bu parçalar arasındaki ilişkileri kapsar. Yani kesirler, bir bütünün "a" kadar bir sayıya bölünüp "b" kadar bir parçasının alınmasıyla ilgilidir.

2/6

Örneğin 3 kişi ve 3 tane de pizza varsa, herkese bir pizza verip paylaşımı kolayca yapabilirsin. Ancak 3 kişi ve ortada da bir pizza varsa, burada farklı bir durum ortaya çıkar.

ÇOK ÖNEMLİ NOT:

Duyduğuma göre bazı öğrenciler, örneğin, 3/6 (altıda üç) gibi bir kesir sayısını iki farklı sayı olarak algılıyormuş. Oysaki kesir sayısı tek bir sayıyı ifade eder.

Bir Dilim Pizza

Kesir sayılarının bütünler ve eş parçalarla ilgili olduğundan söz etmiştim.

Şimdi aynı büyüklükte iki pizza düşün. İlk pizza 4 kişi arasında eşit olarak paylaştırılacak, ikinci pizza da 6 kişi arasında. Sen hangi pizzadan bir dilim yemek istersin?

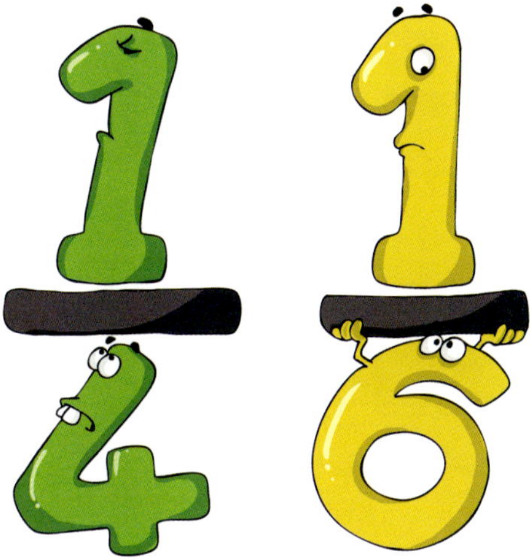

Kısa Bir Özet

Kesir

- Bölme işlemiyle ilişkilidir.
- Kesir sayıları doğal sayılardan farklıdır.
- Parça ve bütünler arasındaki ilişkilerle ilgilidir.
- Bütüne ait her parça bütünün kesridir.
- Bütünler eş parçalara bölünmelidir.

Biraz Oyun Oynayalım

Aşağıda farklı şekillerde bölünmüş 3 tane karton var.

Görevin bu kartonları dört kişi arasında eşit olarak paylaştırmak. Boya kalemlerini eline al ve paylaştırmaya başla!

Problemin çözümünü **"Sorunsuz Sorular"** kitabının arkasında bulabilirsin.

Kendine Bu Kitapta Neler Öğrendiğini Sor

Soru, her zaman başkasına sorulmaz. Sıklıkla kendimize de soru sorarız. "Bu kitaptan neler öğrendim?" sorusunu kendine sormanın tam zamanı. Öğrendiğine ait listeni bizimle de paylaşırsan çoook seviniriz!

Bir konuyu öğrenebilmek için pek çok şeye ihtiyacımız vardır. Ancak öğrenme konusunda aslan payı her zaman bize aittir.

Kısaca;

- Ne kadar öğreneceğimizden,
- Neyi öğreneceğimizden,
- Ne zaman öğreneceğimizden,
- Nasıl öğreneceğimizden en başta biz sorumluyuz.

Kitabın Kısa Bir Öyküsü

- Bir şeyi hangi durumlarda problem olarak adlandırdığımız üzerinde kafa yordun. Aslında problemlerin, problem olmadığını öğrendin.
- Gün içinde karşılaştığımız pek çok sorunun içinde matematiksel çözümler barındırdığını keşfettin.
- Problemlerin de anlaşılmaya ihtiyacı olduğunu fark ettin.
- Bir problemi çözmek için her şeyden önce onu anlaman gerektiğini ve anlamak için neler yapman gerektiğini öğrendin.
- Bir problemin resmini çizmenin, problemi anlamana ve çözüm basamaklarını yapılandırmana yardımcı olduğunu fark ettin.
- İşlemler ve işlemlerin anlamlarını sorguladın.
- Kesir sayılarına hangi durumlarda ihtiyaç duyduğumuzu öğrendin.
- Kesir sayıları ve doğal sayılar arasındaki farkı keşfettin.
- Toplama - çıkarma - çarpma - bölme ve kesir kavramların kendilerine özgü belirgin özelliklerini öğrendin. Onların birbirleriyle olan ilişkilerini sorguladın.
- Kavramları ezberlemek yerine yapılandırdın, etkili ve kalıcı öğrendin.
- Kendine rehberlik etmeyi öğrendin.